动物生活绘本系列

领地的尊严和觅食的秘密

刘枫 编

航空工业出版社
北京

内 容 提 要

在自然界，几乎所有的动物都有领地意识。领地是动物占据的空间范围，是动物生存的物质基础，动物都在自己的领地里觅食、栖息、繁衍，各类动物都有自己捍卫自己领地的方法和觅食的技巧。本书分为两个部分，19个小节，分别介绍了蜻蜓、小鹿、狮子等动物捍卫领地的各种本领和粪金龟、海螺、驼鹿、鼠兔等动物们觅食的各种技巧。

本书配以精美的插图，故事情节生动，语言轻松幽默，是一本优秀的少儿科普读物，适合广大青少年阅读以及图书馆收藏。

图书在版编目（CIP）数据

领地的尊严和觅食的秘密/刘枫编．—北京：航空工业出版社，2017.8（2022.3重印）
ISBN 978-7-5165-1286-9

Ⅰ．①领… Ⅱ．①刘… Ⅲ．①动物－青少年读物 Ⅳ．①Q95-49

中国版本图书馆CIP数据核字（2017）第190476号

领地的尊严和觅食的秘密
Lingdi de Zunyan he Mishi de Mimi

航空工业出版社出版发行
（北京市朝阳区京顺路5号曙光大厦C座四层　100028）
发行部电话：010-85672663　010-85672683

永清县晔盛亚胶印有限公司印刷	全国各地新华书店经营
2017年8月第1版	2022年3月第2次印刷
开本：710×1000　1/16　印张：9	字数：106千字
印数：5001—11000	定价：29.80元

目录

领地的尊严

蜻蜓的天地　3

飞舞的水果　9

领地培训学校　17

高斯和泰勒斯　24

博学的狮子教授　31

年轻的青蛙　39

吵闹的早晨　45

领地的气味　53

昔日的领地　63

觅食的秘密

粪金龟的食物　　73

海螺从天而降　　81

挑食的驼鹿　　87

鬣狗的会议　　93

胆小的鼠兔　　100

我们是一家　　108

"没用"的药丸　　115

失明的翠鸟　　122

逮捕歌鸫　　129

谁是坏蛋　　136

领地的尊严

蜻蜓的天地

艾尼蒙一连几天赶路,弄得灰头土脸,又困又乏。

一阵潮湿的凉风扑面吹来,艾尼蒙舒畅地深吸一口气,他知道前面不远处一定有水塘。

果然,没走多远,一个池塘就闪现出来,艾尼蒙兴冲冲跑过去,双手捧水洗了一把脸,啊,好舒服!

"今天是个好日子，春暖花正开……"这时，突然传来唱歌的声音，艾尼蒙四下看看，发现在一株芦苇上有一只蜻蜓正在悠闲地乘凉。

"嗨，蜻蜓，好清闲啊。"艾尼蒙打招呼说，"既然春暖花开，怎么不出去逛逛啊？"

"干嘛去外面奔波劳碌？你看那块石头，还有那边的水草，它们之间的水域就是我的领地，我在这里生活很惬意。"蜻蜓懒洋洋地说。

"你可真容易满足,"艾尼蒙汕笑着说,"在我看来,这明明只是很小的一块破地方嘛!"

"可别小看这里。你看,领地东边经常有蚊子经过,那是我的觅食区。西面呢,是我和女孩子们约会的地方,当月光撒到水面的时候,不知有多浪漫呢!"蜻蜓浮想联翩,接着他又指指芦苇下面的一块沼泽说:"这里是产卵区,我的后代就要从这里出去闯荡世界。"

"即便像你说的,这里一应俱全,可在这样小的地方生活,你每天除了捕食和约会,也就只剩下唱歌了。这种单调的生活也很难熬吧!"艾尼蒙同情地说。

"呵呵,小精灵,我可不像你说的那么清闲。每一个蜻蜓都需要保护自己的领地,这块水域也是我费好大功夫才得到的,为了维护它,我每天都要花很多时间绕圈巡逻呢。"蜻蜓说。

"我要时时警惕同类侵入,还要防备天敌的袭击。"蜻蜓严肃地说,"我们的一生和这块领地息息相关,失去了它,自身也就没有了存在的意义。表面上我似乎在悠闲地歌唱,其实内心里却承受着极大的压力。"

"看来是我误解你了,每个生物都有自己要守护的一片天地呀!"艾尼蒙说。

　　艾尼蒙在衣服上擦擦手,掏出了笔记本,写道:"占有领地是动物争夺生存资源的方式之一,这里含有占有者需要的各种资源,比如充足的食物,较高的安全系数,还有较安静的生殖环境等等。"

　　这时,蜻蜓的歌声再次响起,艾尼蒙会心一笑说:"好好看守你的小天地吧!"

飞舞的水果

"今天可是个好天气。"艾尼蒙刚刚睡完午觉,走在丛林边的草地上。

突然"咣"的一声,不知什么东西重重地砸在了艾尼蒙头上,他的好心情立刻一扫而光。

"对不起,"远处跑来两只小鹿,他们捡起了用树叶和藤条做成的"皮球",羞愧地说:"真对不起,都怪我们的球技太烂,不小心踢到了你。"

"原来是这样,没关系,我理解你,因为我的球技也很烂。"艾尼蒙大度地笑着说。

"那我们一起玩好了,大家都可以练练球技啊!"小鹿建议道。

"好啊!"艾尼蒙欢快地答应。于是,三个小伙伴愉快地玩起来。

"接着,小鹿!"艾尼蒙一个大脚将球踢向林边的小鹿,可惜,球歪得出奇,一下飞到了林子里。

"哎呀!"两只小鹿惊恐地看着林子里面,却不敢进去。

"我去取回来。"艾尼蒙跑向林子,可是一只小鹿拖住了他:"不要进去,这里是狒狒的领地,禁止别的动物进入。"

"没关系，只是取回我们的球而已，又不会侵犯他的利益。"艾尼蒙不以为然地说。

"那也不行，上次一只小羊误闯进去，结果像皮球一样被踢了出来。"另一只小鹿紧张地说。

"不用担心，看我的。"是艾尼蒙把皮球踢进了林子，所以他执意要亲自取出来。

可是,他刚靠近林子,就听到里面传来了尖利的叫声。

小鹿们慌张地说:"听,狒狒用叫声警告你了!"

"我才不……不会被他的虚张声势吓倒。"艾尼蒙有点害怕,但还是执拗地向前迈步。

"哗……"突然里面的树开始剧烈晃动,同时伴随着让人颤栗的狒狒的叫声。

艾尼蒙怔在原地,举步不前。

小鹿们在远处喊:"快过来吧,他发怒了,再进去他就要和你决斗了!"

"不行,我踢进去的球,我应该取出来,不能退缩!"想到这里,艾尼蒙鼓起勇气走进了丛林。

　　两只小鹿屏住呼吸紧张地盯着林子,里面却安静了下来。
　　突然,传出"救命啊……"的叫音,艾尼蒙飞奔出来,后面香蕉、苹果、桃子等水果紧随着他飞出来,看来狒狒真发怒了,扔出各种水果袭击艾尼蒙。
　　艾尼蒙不小心摔倒在地,水果从头顶飞过,等他站起来才发现,狒狒将皮球也当做武器扔了过来,正好打在了艾尼蒙的怀里面。

"动物在保护领地时会分成三个步骤：首先，靠鸣叫声发出信号和警告；其次，当来犯者继续侵入时，便采取特定的行为恫吓对方；最后，当鸣叫和行为显示都无效时，便采取驱赶和攻击的行为。"

"快来吃呀。"小鹿们快活地喊着，艾尼蒙合上笔记本，和他们一起分享了狒狒扔出来的美味水果。

领地培训学校

艾尼蒙享受了狒狒"赠送"的水果后,肚子鼓鼓的,他和两个小鹿告别,然后又拖着包袱上路了。

走到一片树丛前,艾尼蒙看到有一只老大雁正坐在树桩上打盹,在他旁边立着一个牌子,上面写着"领地培训学校,常年招生,包教包会"。

"没想到除了精灵学校,还有领地培训学校,不知都教些什么呢?"艾尼蒙轻轻推了推老大雁说:"老大雁,老大雁。"

老大雁睁开惺忪的眼睛,瞅瞅艾尼蒙,抱怨说:"小精灵,发音准确点好不好?我是老大雁,可不是看大门的老大爷。"

"怎么?你要参加培训吗?"老大雁懒洋洋地又问。

"这里都教些什么课程呢?"艾尼蒙问。

"首先是口技课。"老大雁说。

"口技课?学那个有什么用啊?"艾尼蒙不解地问。

"当然有用了,鸟类如果在自己领地内能发出很多种叫声,别的同类就会以为有好多只鸟在那里,就一定不敢贸然侵入了。"

"哦,这个课还真是很有用处啊。"艾尼蒙点点头说,"那么口技老师一定很厉害吧?"他又问。

"当然,是由著名口技大师乌鸦先生亲自授课的。"

"什么？乌鸦？"艾尼蒙不由得想起了乌鸦那"哇、哇"的讨厌叫声，撇了撇嘴。

老大雁继续说："第二门是气功课，就是培养大家能够长时间地尖叫而不用换气，厉害吧！"

"啊？这门课又有什么用呢？"艾尼蒙费解地问。

"你想想就明白了，如果能不断地大声鸣叫，也就表明领地主人很强壮。这样侵入者就知道主人不好惹了。"老大雁解释说。

"哦，原来嗓门大也有好处啊，那么，第三门是什么课呢？"

"第三门嘛，主要教授女子格斗术。"

"哦，这门课我理解，在一雌一雄为配偶的动物中，雌性动物也参与保卫领地的工作，因此学点格斗术还是很有用处的。"艾尼蒙说。

"对啊，现在这门课火得很呢。"老大雁洋洋得意地说。

"在个体领域，雌性动物只有靠自己的力量来保卫领地。在一雄多雌为配偶的动物中，雌性动物承担着保卫领域的主要任务，以防其他雌性动物侵入。在群体领域中，所有成员都参加保卫领域的工作。"

艾尼蒙合上了笔记本，趁着老大雁打盹的时候，离开了培训学校。

高斯和泰勒斯

王燕鸥是燕鸥家族中的一种,属于群居性动物。它们像是拥挤的"公寓"里的房客一样,鸟巢紧紧地挨在一起。

它们的私人领地是那么狭小,以至于千百年来,王燕鸥生活的主要内容除了吃饭就是互相争吵,不停地抱怨自己拥挤的生活。

终于有一天,一只名叫高斯的王燕鸥诞生了,他受够了这种拥挤吵闹的生活。于是,开始潜心研究几何学,高斯每天都在地上摆弄树枝,从来不参加别人的吵闹,别人都叫他"孤僻的高斯"。

可是后来,"孤僻的高斯"送给了整个王燕鸥家族一份大礼,他研究出了新式的鸟巢样式。

这种新式鸟巢呈六角形,最大限度地利用了空间,王燕鸥的私人领地一下扩大了许多,大家都欢天喜地纷纷感谢高斯所做出的贡献。

现在,王燕鸥之间不再为领地争吵了,但是他们又染上了吹嘘的坏毛病。他们常常对其他鸟类说:"天才高斯为我们设计了最宽敞的鸟巢,我们的领地可是世界上最大的。"

王燕鸥群的自吹自擂愈演愈烈,飞禽们忍受不了他们肆无忌惮地吹嘘,都远远地避开了。

终于有一天，一只叫做泰勒斯的王燕鸥出生了，他最喜欢的事情就是观察和思考，从来也不参与其他王燕鸥的吹嘘，大家都叫他"迟钝的泰勒斯"。

　　可是,这只迟钝的王燕鸥有一天却对大家说:"我的朋友们,你们真是见识浅薄,自以为六角形巢穴是天下最大的,可是在那高空中翱翔的猛禽看来,我们的巢穴都不够让他们落脚。他们的领地虽然有几千平方米大,尚且默默无闻,我们这巴掌大的地方又有什么可吹嘘的呢?"

王燕鸥听了泰勒斯的话,恍然大悟,这才知道大家都变成了"井底之蛙"。

海鸟喜欢群体营巢,王燕鸥的领地是片极小的区域,个体之间靠得很近,彼此挤在一起,形成了极为密集的领域群。

他们还有专门的捕食领地,但是一般海鸟只保护自己的营巢区。

博学的狮子教授

最近执政官长颈鹿手头上关于领地纠纷的案子特别多。

长颈鹿看着一摞摞写在树叶上面的起诉书，对秘书啄木鸟抱怨说："以前大家在自己的领地都相安无事，现在怎么都抱怨领地太小啊？"

啄木鸟说："大人，这都是因为人类乱砍滥伐，导致大家的生活环境缩减，所以领地才显得紧张了。"

没办法，长颈鹿召开了裁决会，让领地专家狮子教授前来当顾问。

首先表示不满的是角马，他们激愤地说："狮子和鬣狗不仅捕食我们，而且他们的领地还要比我们食草动物大很多，这太不公平了！"

"那是因为草的密度要远远大于食草动物的密度,你们随便在哪里都可以吃到草,可我们要吃你们却需要搜索很大的区域!"狮子教授边解释边不怀好意地瞅了瞅紧张的角马。

"既然是这样,我们同样是食肉动物,可领地却比狮子的小,这有点不公道吧?"一只鬣狗阴阳怪气地说。

"啪!"鬣狗的头上结结实实挨了狮子一巴掌,狮子骄横地说:"亏你长的机灵,原来是个笨蛋,你那块地盘面积虽然小,猎物却很充足,当然不需要再扩大了。"

"可是，"一只个头瘦小的狮子小声说，"我们都是狮子，领地内的猎物数量也差不多，我的领地却要比你的小，这又是为什么呢？"

狮子教授盛气凌人地走过去，将可怜的小狮子笼罩在了自己高大的影子里，他不屑一顾地说："你没有想过大个头比小个头要消耗更多资源吗？吃得多，当然需要更大的领地狩猎了。"

"还有谁?"狮子教授环顾四周,大家都被他的"雄辩"折服,没人敢做声了。

正当教授得意地微笑时,突然传来一阵悦耳的声音:"我们的身材差不多,可为什么你的领地就比我的大呢?"从兽群中走出了一个婀娜多姿的母狮子。

教授眼睛都看直了,嬉皮笑脸地说:"我们的体型怎么会一样呢?您的身材多苗条啊!"

"说到雄性的领地要大一些的原因嘛,"教授想了想,讨好地说,"当然是因为我们更强壮,可以保卫更大的区域,说到底,也是为了保证你们母狮子有更安逸的活动空间嘛!"

　　长颈鹿见教授解决了所有问题,非常高兴,佩服地说:"您真是太博学了,我终于了解了导致领地大小不同的决定因素。那么,照您说的,我作为食草动物现在占有整个草原会不会不合理呢?"

　　"怎么会?"狮子教授一改盛气凌人的神情,胡诌说:"个头和领地成正比,这可是我最新的研究成果。您的个子是动物中最高的,当然应该占有最大的领地喽!"

年轻的青蛙

　　年轻的青蛙年少气盛，扬言要找池塘里最漂亮的青蛙做老婆，还要繁殖很多的孩子布满整个池塘，每到夏天的傍晚，一家人就可以每天愉快地"呱呱"大合唱了。

　　年轻的青蛙明白要实现这些梦想，就需要有一个很大的领地，于是他大叫一声"呱呱，开动啦！"就开始了轰轰烈烈的开辟领地计划。

年轻的青蛙依靠强壮的身体不仅将一个个同类打败，而且连同样要吃昆虫的其他动物也不放过，蟾蜍、壁虎都被赶得远远的了。

一只年老的乌龟看到年轻的青蛙搞得池塘里鸡飞狗跳，想劝劝他，可是青蛙总是很忙，似乎都没有停下来说话的时间。

　　占有了大半个池塘后,年轻的青蛙开始在雌青蛙营巢地附近"呱呱"大叫,他是在显示自己的实力,吸引她们的注意。

　　如他所愿,一只漂亮的雌青蛙对他一见钟情,很快搬到了年轻的青蛙的领地里。

年轻的青蛙干劲更足了，可是，他的身体却一天天消瘦了下去。

年老的乌龟看到这个情形，使劲拉住繁忙的青蛙说："年轻人，你占有的领地太大了，这不仅对其他动物不利，同时对你自己来说，要维护这么大片区域，也会付出可怕的代价，这样下去，你的身体怎么受得了？"

"可是，眼看生殖季节就要到了，我不知道这片领地里的资源够不够，我只有保持尽量大的领地才能保证有足够的食物抚养孩子。"年轻的青蛙无奈地说。

"哦，这个问题很好解决，只需要一点经验就可以了。"乌龟轻松地说。

乌龟向年轻的青蛙介绍了池塘里每年不同时期的食物量，然后告诉他只要依据历年最坏年份的食物量来决定占有领域的大小就可以了，这样一般的年份不会发生食物短缺，后代也能顺利成长了。

吵闹的早晨

艾尼蒙昨晚参加了一场精灵舞会,虽然认识了很多朋友,但是现在却累得筋疲力尽。

他找了一个不错的树洞,垫了些树叶在里面,然后就舒舒服服躺下准备睡觉了。

　　刚合上眼就听到头顶上"笃笃……"的声音，简直像有凿子在敲自己头一样，艾尼蒙冲出树洞，看到一只啄木鸟正在用喙没命地敲着树干。

　　艾尼蒙抱怨说："啄木鸟大姐，大清早你就这么吵，让我怎么睡觉啊？"

　　啄木鸟抱歉地说："真对不起，我只是想制造点响声，以便让同类们知道这片是我的领地。"

"那你能不能在别的树上敲,也一样有声音啊!"艾尼蒙建议说。

啄木鸟飞走了,艾尼蒙接着睡觉,可是外边鸟鸣声越来越大,像是故意在同自己的瞌睡虫作对一样。

"这一定是其他鸟儿们在通过鸣叫来标记领地。"艾尼蒙把树叶塞在了耳朵里,感觉好多了,他满意地闭上了眼。

艾尼蒙梦到自己正在和精灵小姐共进晚餐,螳螂拉着小提琴,蜘蛛弹着钢琴,殷情的蚂蚁侍立在一旁,桌子上的烛光辉映着精灵小姐红扑扑的脸。

突然,一声尖叫传来,一切都消失得无影无踪。

艾尼蒙猛然惊醒,原来是远处传来的吼猴叫声,它们的叫声那么洪亮,耳朵里的树叶根本不起作用。

"看来在树林里是不得安宁了。"艾尼蒙自言自语地说着,来到了河边。

他找了一块干燥的地方躺下,想继续他的美梦。

突然,头顶感到一阵疼痛,他慌忙睁开眼,原来是一只螃蟹正在用大夹子敲他的头。

艾尼蒙大叫:"你干什么敲我的头!"

"啊！是个精灵啊，我以为是块石头呢，对不起，我是想敲出点声音告诉别的螃蟹这是我的领地。"螃蟹晃动着大眼睛说。

这时，河滩上又传来鹬震动尾翅的声音，这也是在向同类们宣示自己的领地。艾尼蒙发疯似地说："你们都在标记领地，好，现在我宣布这里就是我的领地，谁都不许打扰我！"

然后他抓起螃蟹使劲扔向了那只鹬。

"领地占有者必须让其他个体知道自己占有的领域,除了依靠定时巡逻之外,还要制造出各种声音来标记领地。有的动物依靠鸣叫,有的动物通过敲击发出声音,即使是水中的鱼类,也有用声音来标记领域的。"

艾尼蒙合上笔记本,将它放在地上当做枕头,美美地进入了梦乡。

领地的气味

艾尼蒙一觉醒来,已经接近中午了,阳光明媚,他不由得舒舒服服伸了个懒腰。刚要爬起来,却发现在他旁边不知什么时候多了一只熟睡的小狮子。

等了一会儿,小狮子醒来,艾尼蒙微笑着问:"小狮子?你从哪里来,怎么睡在我旁边?"

　　小狮子揉揉惺忪的睡眼，回答说："我家在草原上，前几天我被偷猎的坏家伙捕获，关在一个汽车拉的铁笼里，昨天趁他们睡觉我溜了出来，现在要回到父母身边。"

　　"你真勇敢，不过你能找到回家的路吗？"艾尼蒙担心地问。

"没问题,我在沿路都留了印记,只要顺着它们走就可以回家了。"小狮子得意地说。

"是吗?你真聪明,你留的印记是什么?"

"就在这里啊,"小狮子指指刚才艾尼蒙睡觉的地方,艾尼蒙仔细看了看,顿时脸色变得难看起来,他尴尬地说:"啊!原来是尿啊,我可真倒霉。"

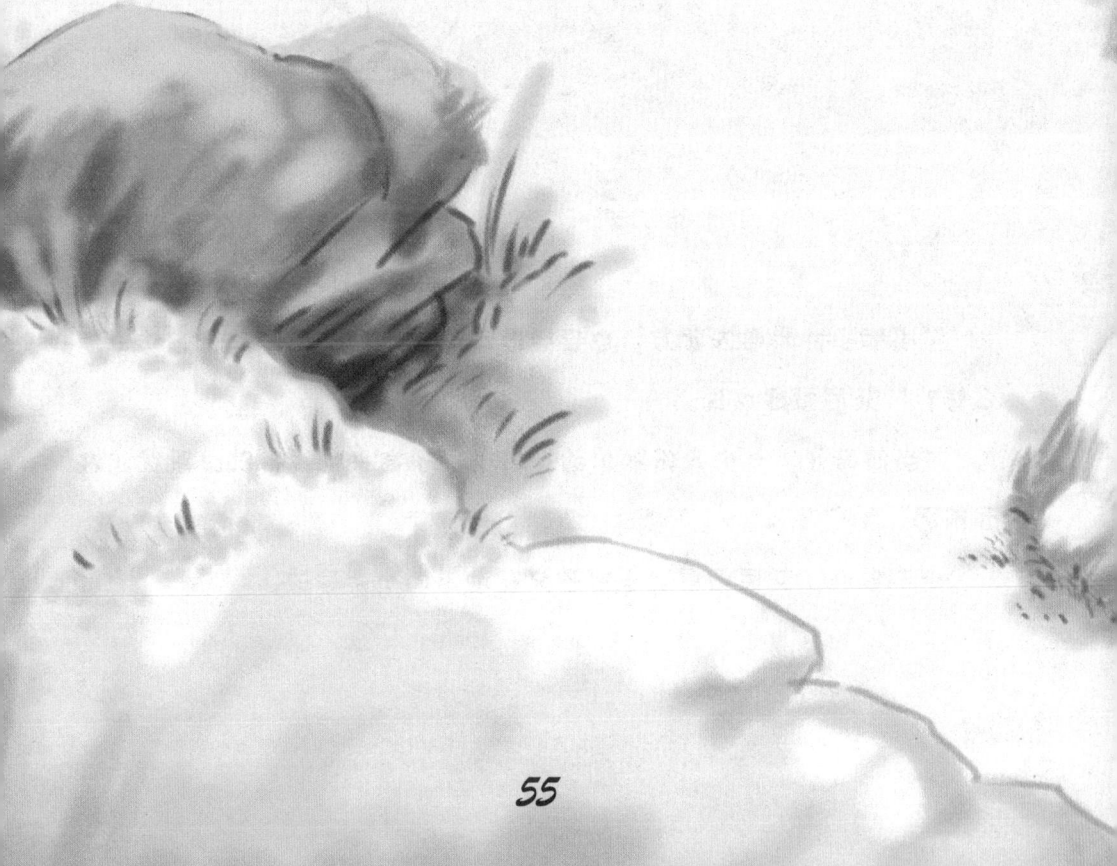

"小狮子,我要去北方,也要经过草原,不如我们一起走,你看怎么样?"艾尼蒙建议说。

"当然好了,一个人好孤单的。"小狮子高兴地说,蹦蹦跳跳跑在了前面。

走不多远,艾尼蒙看到小狮子又在地上闻一片尿迹。

"这也是你的杰作吧!"艾尼蒙说。

"不是,这里是猴子的领地,他们用尿标记领地,我一闻就知道,爸爸说猴尿最难闻了。"说着小狮子用爪子扇了扇鼻子。

又走了一段路,小狮子又闻闻,说:"这是犀牛的领地,我们绕开点走吧,犀牛和我们狮子多少有点过节。"

"小心!"小狮子突然喊道,艾尼蒙抬起的脚停在了半空,原来他光顾说话,差点踏在一坨大便上。

"这是谁干的?太没有公德了!"艾尼蒙大声抱怨。

"嘻嘻,别生气啦,这是河马的杰作,他们就是通过粪便来标记领地的。"小狮子解释说。

"小狮子,你看那些羚羊在树枝上擦眼泪呢,一定是他们的家人又受到你们狮子袭击了。"艾尼蒙打抱不平地说。

"哈哈,你真有同情心,不过他们可不是在擦眼泪,而是用眼睛里分泌出的气味物质标记领地,其他羚羊闻到树枝上的物质就知道这片地方已经有主人了。"小狮子笑着说。

"你知道的还真不少,我听说标记领地有采取亲自巡逻式的,有依靠声音和气味的,甚至还有用放电标记的,你觉得哪种方式比较好呀?"艾尼蒙谦虚地向小狮子请教。

"爸爸说过,各种方法都有优点,气味和声音标记的最大优点是避免和对方碰面就可以起到警戒作用,而且气味标记的有效期比其他方法更长久。"小狮子把能想到的都告诉了自己的朋友。

"快来看,这是什么野兽留下的痕迹?"艾尼蒙靠近一棵树干仔细观察,只见树干上树皮被撕下一块,有几道很深的划痕,上面留下了一些唾液的痕迹。

小狮子过来闻了闻,欣喜若狂地说:"太好了,这是我爸爸留下的标记,已经到了我们狮群的领地了。"

"快走,带你去见我爸爸和妈妈。"小狮子拉着艾尼蒙就跑。

"等等,"艾尼蒙停下来说,"好朋友,你能找到亲人我就安心了。秋天快到了,我得马上穿越草原回到北方的森林,那里我的爸爸妈妈也在盼着我回去呢。"

小狮子无奈,两个好朋友便依依不舍地分别了。

昔日的领地

草原上的树很少,艾尼蒙走了很远,感觉又热又渴。

这时,他看见前面有一棵树冠很大的树,连忙小跑几步来到树下,将包袱放好,刚要坐下来,却看到树干上歪歪扭扭写着几个字"食肉动物和雄狮不准通过"。

"是谁写的警告,这么霸道!"艾尼蒙自言自语地说。

"是我写的。"树后传出一个苍老的声音,接着走出了一只衰老的狮子。虽然酷热难耐,但艾尼蒙还是感觉脊椎一阵发凉,好在看起来这个狮子已经没有什么攻击能力了。

"您好,狮子先生,刚才我的话冒犯了您。"虽然这只狮子很虚弱,但是艾尼蒙觉得还是谦虚一点比较妥当。

"小精灵,没什么,这个警告是我写的,可是我现在却不得不受到自己警告的限制,真是作茧自缚啊。"老狮子悲伤地苦笑着说。

艾尼蒙觉得他有点可怜,便试探着问:"这里是您的领地?"

"以前是,现在已经是别人的地盘了。"老狮子绝望地说。

"有别的狮子霸占了这里?"艾尼蒙知道在狮子的世界里,如果一个狮子衰老后,就会无力保卫自己的领地,被其他年轻力壮的狮子取而代之。

"曾经我是草原之王,任何动物都对我退避三舍,于是狂妄的我制定了这个警告,可现在我衰老了,以前被我驱逐的两个雄狮回来,将我赶出了领地。现在按照我定的规矩,连自己都不能通过曾经的领地了。"老狮子一边说一边沉浸在自己的回忆里。

"您不允许其他雄狮接近领地是为了防止他们和您竞争食物和雌狮子,可为什么连其他食肉动物都不允许通过呢?"艾尼蒙不想让老狮子沉浸于痛苦的回忆,于是问道。

"不同的物种有时也会利用同一资源,为了防止别的食肉动物来分享猎物,所以我订立了这条警告。"老狮子意味深长地看着树干上的警告。

"未免太苛刻了,难道连猫和水獭也不例外吗?"艾尼蒙问。

"哈哈,我可没空搭理那些小角色,我只攻击大型食肉动物,不知有多少猎豹和鬣狗都败在了我的爪下。"老狮子骄傲地说,好似过去的雄风又回到了身上。

"以您现在的样子还能抓到猎物吗?没有食物不是会被饿死吗?"艾尼蒙关心地问。

"呵呵,这就是我们狮子的宿命,辉煌过后,就剩凄凉了。"老狮子平淡地回答。

"北方的森林里拥有充足的食物,您愿意和我一起去那里安度晚年吗?"艾尼蒙诚恳地邀请。

"呵呵,谢谢你的好意,可是我舍不得离开这片土地,我宁愿在这里安息。"老狮子微笑着拍了拍艾尼蒙的头,慈祥地说。

艾尼蒙回头看到老狮子疲惫地趴在地上，微微抬着头，正深情地望着昔日的领地。

觅食的秘密

粪金龟的食物

艾尼蒙拖着大包袱走在小道上,虽然因为将要进行的探险活动有点兴奋,但现在最要紧的问题是他已经饿得前心贴后背了。

寻觅食物对于动物来说非常重要，艾尼蒙听精灵老师说过，山雀在冬季为了生存，必须每3秒钟就捉一只昆虫。

还有一种叫鼩鼱的小动物更夸张，它的新陈代谢特别快，只要3个小时就能将食物完全消化，不马上进食的话，很难活过5个小时。

艾尼蒙庆幸自己没有那么脆弱，不至于马上饿死，但是现在也不得不立刻去寻找食物了。

艾尼蒙看到前面有两个粪金龟正推着一个大粪球,雄金龟用后脚推,雌金龟用前爪拉,他们累得满头大汗。

有块石头挡了道,粪球推不过去,可是执拗的粪金龟们就是不绕道,正在想办法翻越石头。

多亏艾尼蒙帮忙,终于使粪球翻过了石头。

粪金龟夫妇很高兴,粪金龟先生热情地邀请艾尼蒙品尝粪球:"尝尝吧!我太太的手艺绝对没的说。"

艾尼蒙连连摆手,没有品尝的勇气,他纳闷地问粪金龟先生:"您这一生只吃粪便吗?"

"是啊,我们几乎完全以动物粪便为食,不过和我们一样只以个别食物为生的动物多得是,这被称做'食物的特化'现象。"

看到小精灵不理解,粪金龟太太建议说:"你去看看长尾鸭就能明白我丈夫的话了。"

艾尼蒙在河边找到了长尾鸭,刚要打招呼,长尾鸭却一头扎到了河里。看来,她肚子也饿,急着去觅食了。

艾尼蒙猜她会很快回来,就坐下耐心地等。

过了很久,长尾鸭才从水里露出头,她嘴里衔着一只大虾急匆匆地上了岸,艾尼蒙热情地打招呼:"您好,长尾鸭大婶。"

长尾鸭慌忙将大虾遮掩起来,警惕地问:"你是谁?干吗盯着我的虾?这可是我潜水50米,辛辛苦苦找到的。"

艾尼蒙咽了一下口水,连忙解释说:"您误会了,我是想请教一下,浅水里有很多食物,您为什么非要去深水里觅食呢?"

"这个嘛……"长尾鸭松了口气,说,"你看看那两只采蜜的熊蜂就会明白了。当特化种的熊蜂遇到它所熟悉的乌头属植物时,能迅速有效地找到花蜜,而泛化种熊蜂则常常会在花朵的错误部位进行探索,而且在找到花蜜前还经常会放弃。"

"这么说你大概就明白我为什么只选择有限的几种食物了吧。"长尾鸭边说边品尝着自己的大虾。

听了长尾鸭的话，艾尼蒙在日记本上写道："泛化物种摄取的食物种类虽然很多，食物资源也相对丰富，但它们利用特定食物资源的效率却很低。特化物种的食物种类虽然较少，但是在特定的食物上它们却积攒了丰富的取食经验，因此可以在最短时间内获得营养。"

海螺从天而降

艾尼蒙擦了擦嘴上的粪球渣，原来经过粪金龟处理的粪便不但没有异味，而且吃起来也并不像想象中那么糟糕。

艾尼蒙来到海边，刚想伸个懒腰，突然一个"不明飞行物"砸在了自己头上。艾尼蒙顿时眼冒金星、银星和铜星。

一只乌鸦落在了艾尼蒙身边:"哇,我想摔碎这个海螺,误把你的脑袋看成了石头,实在对不起。哇,不过呀,你的脑袋还是蛮厉害的,哇。"说着他掏出被摔破的海螺,品尝起壳里的肉来。

艾尼蒙真是哭笑不得:"你的眼神这么差,还随随便便从高处扔东西,万一砸到花花草草怎么办?"接着他看着海螺肉,换成温和的口气说:"很不错的海螺呀,让我也尝一点吧。"

"哇,那可不行。"乌鸦攥紧了海螺肉。

"真小气,海边不是还有好多海螺吗?"艾尼蒙没好气地说。

"哇,海边是有很多海螺,但想摔破它们的壳可不容易。我需要考虑螺的大小和重量,扔螺的地点、高度,还有次数,总之一大堆问题,哇哇,烦死了。"乌鸦抓狂地挠头,还凑近艾尼蒙说:"你看,哇,我眼圈都熬黑了。"

"你本来就是黑的,再说,谁让你那么挑剔了?随便找一个来摔不就行了?"艾尼蒙没好气地说。

"哇，挑剔？"乌鸦提高声音说，"哇，如果海螺小，壳被摔破的可能性就小，如果一次摔不破，哇，我就会面临要不要再试一次或者再抓一个海螺的问题。"

"那你就挑个最大的螺来摔好了。"艾尼蒙不以为然地说。

"哇，你傻呀！搬运大海螺会消耗更多能量。"乌鸦说着又吃了一口螺肉，吧唧着嘴说："不过嘛，大螺热量高，哇，总体来说倒是比较划算。"

"每次猎食都考虑这么多,麻烦死了。"艾尼蒙说。

"哇,我还好,哇,那边那个蛎鹬才夸张,不仅要考虑贻贝的大小,还要考虑贻贝壳的厚度、壳上是否有藤壶(一种附着在贝壳上的小动物)生长以及在未能打开的贝壳上所浪费的时间。哇,这不,都3天了,还没考虑清楚。"乌鸦呶呶嘴说。

果然,艾尼蒙看到一只近乎发疯的蛎鹬正在满是贻贝的海滩上忙碌地挑拣着。

"你要记着,"乌鸦说,艾尼蒙连忙拿出了自己的笔记本。

"在可以得到的食物中,动物会选择最有利的品种,特别是食物较多时,选择性就更强。食物充足时,我们所吃食物的种类很少,只有在食物贫乏的环境中所吃的食物种类才会增多。"

挑食的驼鹿

艾尼蒙走在森林里嘟囔着:"小气的乌鸦,不给螺肉就算了,哇哇叫得我头都疼。"

突然,他听到一阵喊声:"孩子,快吃了这些水草。"接着是一个小鹿的声音:"不,我要吃树叶。"

艾尼蒙看到一大一小两只驼鹿正在树木间狂奔。

艾尼蒙摇摇头说："唉，为什么父母总喜欢逼迫孩子干不喜欢的事呢？"

"那可是为他好，"一个声音由高处传下来，艾尼蒙抬头看到一只蜂虎正抓着一只蜜蜂和蜻蜓边吃边说话，"树叶虽然能够为驼鹿提供足够的能量，但是树叶的含钠量较低，因此驼鹿需要常常吃点含钠量高的水生植物以补充身体所需营养。"

"您知道的可真多！"艾尼蒙佩服地说，"您的生活也蛮惬意，可以一边吃蜜蜂，一边吃蜻蜓，比只吃粪球的粪金龟强多了。"

"呸、呸，孩子，我进餐时，能不能不要提那些恶心的东西？"蜂虎厌恶地说。

"如果您现在感觉恶心,没有食欲,我可以帮您分担那只蜻蜓。"艾尼蒙满眼透着贪婪的光。

"哼哼,你这个狡猾的小精灵,我不会把一丁点儿蜻蜓分给你的。"蜂虎坚决地说。

"为什么?您不是已经有一只蜜蜂了吗?"

"你不知道吗?同时吃蜜蜂和蜻蜓能够比单吃蜜蜂或蜻蜓更加有效地将食物转化成体重。"

"您也许应该再考虑一下,我可以跳一段精灵舞蹈来交换蜻蜓。"艾尼蒙央求道。

蜂虎不屑一顾地说:"NO,我可不想为了一段破舞蹈,让自己处于亚健康状态。"然后他一口吞下了剩下的蜻蜓。

艾尼蒙擦了擦口水,失望地掏出笔记本写道:"动物可能有特殊的营养需要,他们必须在各种食物间取得平衡,以便在摄取能量的同时也能保证各种营养成分的供应。"

另外,艾尼蒙还写道:"蜂虎绝对是个既吝啬又无情的家伙,我讨厌他。"

鬣狗的会议

艾尼蒙拖着大包袱来到草原上,他感觉很倒霉,竟然会接连碰到乌鸦和蜂虎这两个超级吝啬鬼。

"嗷、嗷……"一阵嘈杂声传来,艾尼蒙循声望去,原来是一群鬣狗围在一起不知在为什么事吵闹。

艾尼蒙没理他们,自顾自地往前走。突然他看到一头角马正在距离鬣狗群不远处若无其事地吃草。

艾尼蒙紧张地对角马说:"你怎么还这么悠闲?没看到那边有那么多鬣狗吗?"

角马无所谓地说:"没关系,鬣狗的猎食对象经常会变化。依据猎物种类的不同,他们会组成大小不同的狩猎群,举行不同的猎前会议。现在这么多鬣狗开会,一定不是针对我的,即使我从他们身边经过,他们都不会理我。"

艾尼蒙不相信角马的话，自己亲自凑过去听鬣狗开会。

只见一个老鬣狗正在发言："猎杀牛羚需要3只鬣狗，而猎杀斑马需要25只鬣狗。牛羚死后会有很多其他鬣狗来分享食物，猎杀斑马后却不会出现这种情况，因此分享一只牛羚或斑马的鬣狗数量大体相当，但斑马比牛羚大得多，我们每只鬣狗都可以吃得更多，所以我决定这次猎杀斑马。"

鬣狗们嚎叫起来，纷纷表示赞同，然后一窝蜂去猎杀斑马了。

艾尼蒙兴奋地跑到角马身边说:"果然和你说的一样,他们去猎食斑马了。"

角马得意地耸耸肩说:"很多捕食动物常常会在一定时期内集中捕食一种猎物,然后突然转为捕食另一种猎物,很多鸟也常常会突然不再吃它们之前吃的昆虫。还有,有的捕食动物在面对不同的猎物时还会采取不同的捕食方式。"

角马看到艾尼蒙有点迷惑,就举例子说:"小鸮在捕食小鸟时常隐藏在浓密的叶丛中进行伏击,用足和爪杀死小鸟。在狩猎小鼠时,他是站在高处开阔的栖枝上进行观察,用咬鼠头和脖子的方法将其杀死。仿佛小鸮存在不同的神经机制,面对不同猎物只能有一种机制起作用。"

角马正讲得高兴，突然变了脸色，艾尼蒙担心地问："怎么了？不舒服吗？"

角马结巴地说："我得马上离开了。"

"为什么？你还没讲完呢。"

"以后吧，孩子，我看到鬣狗又在开会了，这次像是针对角马的。"

"可是……"还没等艾尼蒙反应过来，角马已经消失得无影无踪了。

艾尼蒙只好为角马祝福,希望他平安,同时在笔记本上写下:"很多动物都能选择对它们最有利的食物,也会选择合适的方法去猎食。"

胆小的鼠兔

艾尼蒙今天一直在考虑一件事情,他想帮助胆小的鼠兔。

鼠兔是很多捕食动物的猎物,所以他们从来都不敢离自己的洞穴太远。宁愿在附近贫瘠的草地转悠,也不愿离开洞口到比较丰饶的草场觅食。

今天,艾尼蒙又看到小鼠兔在洞口啃着干巴巴的枯草。

艾尼蒙关心地问:"我的朋友,你的爸爸妈妈呢?"小鼠兔无奈地说:"爸爸去稍远一点的地方觅食了,妈妈怀着小弟弟和小妹妹,需要更多食物,所以去更远的地方觅食了。"

"你一定很担心他们吧?"艾尼蒙问。

"当然啦,可是我不能去找他们,到处都是天敌。"鼠兔无奈地说。

"小鼠兔这么可怜，怎么样才能帮他走得远一点呢？"艾尼蒙冥思苦想起来。

终于，艾尼蒙有了主意。

他找来很多大石头，然后从鼠兔的栖息地开始摆了一排狭长的石块。他叫来鼠兔，高兴地说："这样，你们就有了躲避捕食者的掩体，以后可以到远一点的地方觅食了。"

"太好了,这样爸爸妈妈也不用那么危险了?"

"对啊!"

"我也可以吃鲜嫩的青草了?"

"当然啦!"

"我还可以找其他小朋友一起玩了?"

"完全正确!"

"太好了,谢谢你,亲爱的朋友。"小鼠兔高兴地跳起足足有一米多高。

能够帮到小鼠兔,艾尼蒙很高兴,现在需要去小溪边洗洗手了。

小溪水清澈见底,艾尼蒙刚要伸手,突然惊讶地发现,小溪底有一片"沙砾"竟然移动起来,虽然速度很快,但还是被眼疾手快的艾尼蒙抓在了手里。

不料"沙砾"使劲挣扎起来,还大叫:"放开我,你这淘气包。"

艾尼蒙感觉很有趣,抓得更紧了,问:"你是什么怪物?"

"我不是怪物,我是银大马哈鱼。""沙砾"说。

"原来是鱼啊,你为什么变成沙子躲在这里呢?"艾尼蒙问,同时将小鱼放回了小溪里。

"我们一生中的前两年,都会潜伏在小溪中伺机捕捉浮游动物,靠着沙砾保护,很难被捕食者发现。我的好多兄弟姐妹都潜伏在周围,只是你没有发现罢了。"银大马哈鱼有点得意地说。

"刚才你为什么移动呢？这样不是很容易被捕食者发现吗？"艾尼蒙不解地问。

"刚才有一大块食物经过，我如果不吃，就会被别的鱼抢去。我好久没吃到东西了，所以才冒险游向猎物。"小鱼不好意思地说。

"你和小鼠兔一样可怜，让我来帮助你吧。"说着，艾尼蒙找来一大片树叶。

艾尼蒙用树叶遮着银大马哈鱼，使他不被捕食者发现。他在溪水里自由自在地游来游去，吃了个够。

看着快活的小鱼，艾尼蒙在笔记上写道："动物在觅食时必须防范被别的动物吃掉，为了安全有时不得不牺牲一些能量收益。另外，小动物的生活很辛苦，我们不要伤害它们，应该尽可能多的去帮助它们。"

我们是一家

阳光明媚的中午,艾尼蒙正在大树下做美梦。突然,一阵"唧唧喳喳"的声音吵醒了他。

艾尼蒙生气地四处寻找,原来声音来自树上的十多只地雀。

艾尼蒙冲他们喊:"你们在干什么?现在可是午休时间。"

一只老地雀看看他,抱歉地说:"对不起,我的家人正在为我唱生日歌,没有注意到你正在睡觉。"

艾尼蒙仔细端详着他们,疑惑地问:"你们长相各异,怎么会是一家人?"

地雀笑笑解释:"我们的先辈本来拥有相同的相貌,但是因为食物种类的不同,我们慢慢进化出了不同的相貌特征。"

"我是在地面吃种子的地雀。"一个长有粗壮强大喙的地雀说。

"我是吃昆虫的地雀。"一个长有像镊子一样喙的地雀说。

接下来,大家纷纷自我介绍起来。有的吃仙人掌,有的吃嫩叶和树叶,有的虽然都在地面吃种子,却根据种子个头的不同,相应进化出了大、中、小形式的喙。

艾尼蒙觉得很新奇，感叹说："你们真是太聪明了，进化出不同的取食特性，成功避免了近缘物种间对食物资源的竞争。"

"这没什么稀奇，非洲蝙蝠也是这样。"一只地雀说。

"它们虽然生活在一起,食性却各不相同。有些蝙蝠当猎物在近旁飞过时才起飞捕获它们,有些是当昆虫从叶丛中飞出时捕食它,还有的蝙蝠则是在空中追捕快速飞行的昆虫。

因为食性不同,所以有的蝙蝠生有宽大的翅,适合于慢而灵活的飞行,有些生有长而薄的翅,能在开阔空间高速飞行。即使是觅食方法相同的物种,也常会选择在不同的高度进行觅食。"

"由于可作为食物的动植物种类多种多样,所以避免食物竞争的必要性也很大。植物种类的多样性又为多种多样植食动物的存在提供了可能,植食动物的多样性反过来又为肉食动物多样性的发展创造了条件。"一只用小棍子从树洞里掏虫子的地雀说。

那个过生日的老地雀最后说:"虽然长相各异,但大家都在一起生活,不就是一家人吗?小精灵,如果你愿意,欢迎一起和我们来庆祝生日。"

"真的?我也可以参加吗?"艾尼蒙惊喜地说。

"当然。"地雀们异口同声地说。

于是,艾尼蒙也跳到树上,和地雀们"唧唧喳喳"地唱起了生日快乐歌。

这时，艾尼蒙的笔记本上已经记下："近缘相似的物种常常借助于所吃食物、觅食方法和取食地点的不同而使食物资源得到充分利用。"

"没用"的药丸

　　参加完地雀们欢快的聚会，艾尼蒙心情愉快地拖着大包袱继续自己的旅行。

　　经过一片热带树林时，他感觉肚子有点饿，便四处寻找食物。

　　总算运气不错，他很快就发现了一些树木的种子，于是迫不及待地把它们都塞到了嘴里。

艾尼蒙拍拍肚子，准备继续赶路。突然他感觉浑身难受，一下栽倒在了地上。

　　"一定是刚才的种子有毒，我太大意了。"艾尼蒙连忙拉过自己的包袱，匆忙翻找起来。终于，他找到一个药瓶，艰难地打开瓶盖，从里面取出几粒药丸吞了下去。

　　渐渐的，药丸起了作用，艾尼蒙感觉身体慢慢有了力气。

正当艾尼蒙渐渐恢复体力时,他看到一只豆象的幼虫正在津津有味地品尝那毒种子。

艾尼蒙不顾一切地扑上去,抓着豆象幼虫,不由分说地将药丸塞到了它嘴里。

"呸、呸,"豆象幼虫痛苦地啐个不停,嚷嚷着:"我和你无冤无仇?你想害死我吗?"

"恰恰相反,"艾尼蒙得意地说,"我救了你一命,你吃的是精灵药丸,能解百毒,大概你不知道那个种子有毒吧?"

"我说,你也太冒失了,谁说我不知道那种子有毒的?"豆象幼虫跳起来说。

"知道你还……"

"这种种子含有刀豆氨酸,食用后有生命危险。但是我的体内含有特殊的酶,能把刀豆氨酸转化成氨,用氨来构建自己身体所需要的分子。"说完,豆象幼虫不再理会艾尼蒙,继续啃他的种子。

精灵一族的秘制药丸竟然没派上用场,艾尼蒙感觉很失望。

不过,很快机会又来了,在不远处一只獴正在和毒蛇搏斗,虽然敏捷的獴最终制服了毒蛇,但自己也被咬了一口。

艾尼蒙连忙过去推销自己的药丸,但是獴摇摇头说:"谢谢你,小精灵,我自身具有对蛇毒的抵抗力。"

"啊,你也用不着精灵药丸?"艾尼蒙更加失望,他一甩手将药丸丢在地上,没好气地说:"哼,大家都不需要,我还留着这些有什么用?"

"不要泄气,"獴捡起了药丸,说:"我也只是对特定猎物的毒素具有抵抗力,大家会有很多时候需要你的解毒药丸的。"

"獴说得对，我的药丸不是一无是处啊。"艾尼蒙高兴起来。

当然，他也没忘记在笔记本上写下："动物常常靠化学和行为的方法克服植物的防御，很多动物也具有天然的抵抗力，使猎物的毒素不起作用。"同时，艾尼蒙也明白了，以后千万不能太莽撞，要多学习，多思考，最后才能准确无误地付诸行动。

失明的翠鸟

艾尼蒙拖着大包袱走在湖边,边走边看有没有中毒的朋友需要他的精灵药丸。

他看到一只漂亮的翠鸟一头扎进了湖中,一定是发现了美味的猎物。可是,翠鸟在潜入水中之前,眼睛竟然是闭着的。

很快,翠鸟又冲出水面,衔着一条小鲫鱼飞走了。

艾尼蒙不禁为翠鸟鼓掌叫好。

"谁在下面吵闹?"树上的一只猫头鹰瞪着一只眼不耐烦地问。

艾尼蒙不好意思地说:"对不起,打扰您了。翠鸟先生虽然双目失明,但是依然能敏捷地捕获猎物,所以深感佩服。"

"嘘!小声点,翠鸟最注重容貌,你敢说他瞎了眼?如果被他知道,绝对饶不了你。"猫头鹰小声警告说。

"他没有失明?我明明看到他潜水前是闭着眼的。"艾尼蒙说。

"你可真是少见多怪,"猫头鹰轻蔑地说,"捕食未必需要眼睛,拿我来说,在接触到猎物前,眼睛也是闭着的。"

"不会吧,闭着眼睛怎么能看到猎物?"艾尼蒙诧异地说。

"放心,只要确定了猎物,我们的攻击速度非常快,猎物根本没有机会躲闪。"猫头鹰得意地说。

"有那么快吗?猎物一点都不会移动吗?"艾尼蒙用怀疑的目光盯着猫头鹰,不太相信他的话。

"好吧,好吧。"猫头鹰无奈地说,"我承认说得有点夸张,事实上我在攻击前会预测一下猎物的移动路径,然后将其截获。"

"比如说乌贼,他根据螃蟹向后和横行移动的特点,总是把捕捉腕伸到猎物的两侧或身后。你知道,这正是螃蟹逃跑的方向。"猫头鹰喋喋不休地介绍。

艾尼蒙说:"还真是狡猾的动物啊。"

"狡猾的动物多了，比如变色龙，总是把长舌头伸展到一个正在移动猎物的前面一点。"猫头鹰说着说着，突然停下来，奇怪地看看艾尼蒙，问："你不是有笔记本吗？我说了这么多，为什么你还不记呢？"

艾尼蒙吐吐舌头，连忙掏出了笔记本，心想："别看猫头鹰总是睁一只眼闭一只眼，可是什么事情都瞒不过他呀。"

艾尼蒙在笔记本上写道:"动物在瞄准猎物前,攻击程序就已经预先编制好了,不管发生什么情况,攻击都会按预先编制好的程序进行。攻击一旦开始,就不再需要感觉器官的引导了。"

逮捕歌鸫

歌鸫正在警察局办公室里大吵大嚷,一改平时温文尔雅、谨慎小心的绅士气质。

他质问黑猫警长:"你们凭什么逮捕我?简直是对我声誉的极大侮辱。"

警长平静地对他说:"歌鸫先生,您有权保持沉默,您说的每句话都会成为呈堂证供。"

然后他对一旁的艾尼蒙说:"小精灵,请你为歌鸫先生叙述一下你看到的情形。"

艾尼蒙回忆说:"警长,我整个上午都跟在歌鸫先生的身后。看到他短距离的向前跳,然后停下来观望一下,接着又向前移动。当他前行的时候,一会儿向左转,一会儿向右转,四处张望。我看他鬼鬼祟祟,觉得很可疑,于是马上通知了您。"

警长满意地点了点头。

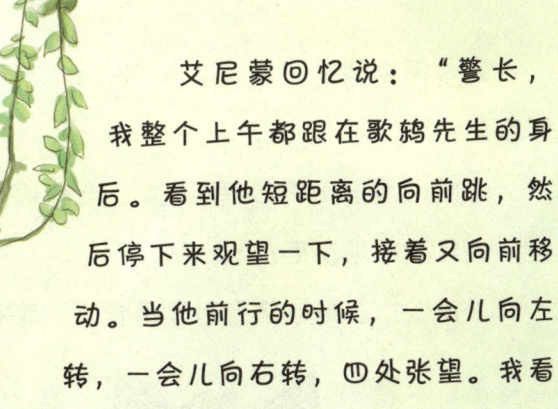

警长问歌鸫:"先生,如果什么都没干,我想知道您为什么要东张西望?"

此时的歌鸫已经笑弯了腰,流着眼泪说:"警长,您也许不相信,我只不过是在觅食呀。"

"什么?东张西望是为了觅食?"警长和艾尼蒙惊讶地说。

"没错,我那样做是为了在大体保持前进方向的同时能够搜索到尽量广阔的范围。当我发现一只蠕虫后,我还会改变搜寻路线,在蠕虫的四周区域转圈。根据我的经验,蠕虫都是集群分布的,在它周围转圈比直线前进所遇到的蠕虫要多得多。"

"为什么整整一个上午,您都在直线前进?"艾尼蒙说。

"很简单,那表示我整个上午都没有找到食物。"歌鸫沮丧地说。

黑猫警长不好意思地挠挠头说："是我误会了您，让您声誉受损。请允许我请您共进午餐，以弥补我的过失。"

艾尼蒙也说："对不起，都怪我太冒失了。"

"不，"歌鸫大度地说，"遇到可疑情况要报告警察，你做的不错。而且，你还帮我解决了午餐的问题。"

虽然歌鸫先生原谅了艾尼蒙，但他依然为自己的无知而感到羞耻。艾尼蒙马上掏出笔记本写道："动物会选择最有利的觅食路径，以增加自己与猎物相遇的机率。"

谁是坏蛋

艾尼蒙正在思考一个深刻的问题，不小心踩到了一只蜗牛。

"嗨，兄弟，你想什么呢？"蜗牛疼得呲牙咧嘴。

艾尼蒙连忙道歉："对不起，我正在思考一个深刻的问题，所以没有看到您。"

"深刻的问题？"蜗牛慢慢地来了兴趣，"孩子，不妨和我讲讲，我可是一个哲学家。"

"哦,是这样。昨天天气很热,我看到沼泽里有一只红鹭撑开自己的翅膀为大家遮阳,这是多么高尚的行为。我刚要称赞他时,却看到他把游过来遮阳的小鱼一下吞到了嘴里,原来他的遮阳伞就是为了骗小鱼上钩,你说他是不是很坏?"

蜗牛慢慢地挥动着触角说:"嗯,确实很坏。"

"我在湖里还看到一只凶猛的大鱼正在痛打一条小鱼,为什么大动物总要欺负小动物?"

"嗯,这个问题,我想你应该去问问那条大鱼。"蜗牛慢慢地说。

"是啊,我质问了他。原来是这条小鱼前几天装扮成了为大鱼服务的清洁鱼,当他受到大鱼邀请安全地靠近时,突然发动攻击,从大鱼身上咬掉一块肉然后逃之夭夭了。这次他故伎重演,不料却被大鱼识破,所以才遭到了痛打。"

"哦,他也够狡猾的。"蜗牛慢慢地说。

"所以,哲学家,我分不清楚到底谁才是真正的坏蛋。"艾尼蒙说。

"听我说,孩子,虽然很多动物会欺骗别人,但他们都算不上坏蛋。这些技巧不过是大家的谋生手段,小鱼天生谨慎小心,红鹭利用这点,将他们吸引到了自己的双翼下。而那个偷袭大鱼的小鱼也成功运用了自己和清洁鱼长相相似的特点,属于侵犯性拟态。说起来,这些还都是聪明的本领呢!"

艾尼蒙似乎听懂了蜗牛哲学家的话,他在笔记本上写道:"在自然界,不存在绝对的对与错。捕食与被捕食,欺骗与被欺骗都是生存之道,都源于自然法则。"